BEI GRIN MACHT SICH IHR WISSEN BEZAHLT

- Wir veröffentlichen Ihre Hausarbeit,
  Bachelor- und Masterarbeit

- Ihr eigenes eBook und Buch -
  weltweit in allen wichtigen Shops

- Verdienen Sie an jedem Verkauf

Jetzt bei www.GRIN.com hochladen und kostenlos publizieren

Kristina Wallner

Standortsysteme im Einzelhandel

GRIN Verlag

Bibliografische Information der Deutschen Nationalbibliothek:

Die Deutsche Bibliothek verzeichnet diese Publikation in der Deutschen National-
bibliografie; detaillierte bibliografische Daten sind im Internet über http://dnb.d-
nb.de/ abrufbar.

Impressum:

Copyright © 2008 GRIN Verlag GmbH
Druck und Bindung: Books on Demand GmbH, Norderstedt Germany
ISBN: 978-3-640-28266-1

Dieses Buch bei GRIN:

http://www.grin.com/de/e-book/122468/standortsysteme-im-einzelhandel

GRIN - Your knowledge has value

Der GRIN Verlag publiziert seit 1998 wissenschaftliche Arbeiten von Studenten, Hochschullehrern und anderen Akademikern als eBook und gedrucktes Buch. Die Verlagswebsite www.grin.com ist die ideale Plattform zur Veröffentlichung von Hausarbeiten, Abschlussarbeiten, wissenschaftlichen Aufsätzen, Dissertationen und Fachbüchern.

Besuchen Sie uns im Internet:

http://www.grin.com/

http://www.facebook.com/grincom

http://www.twitter.com/grin_com

Friedrich-Alexander-Universität Erlangen-Nürnberg

Philosophische Fakultät und Fachbereich Theologie

Lehrstuhl Geographie

PS: „Geographie des Einzelhandels"

Sommersemester 20xx

Hausarbeit zum Thema

Standortsysteme im Einzelhandel

von

Kristina Wallner

Inhaltsverzeichnis

1. Einleitung

Der Handel, welcher Teil des tertiären Wirtschaftssektors ist, hat schon seit vielen hundert Jahren einen sehr hohen Stellenwert. Früher besaßen der Verkauf von Lebensmitteln, Gewürzen oder Stoffen, als auch der Warenverkauf durch reisende Händler entlang von Fernhandelswegen eine große Bedeutung für die Wirtschaft und ebenso Auswirkungen auf die Bildung von Städten. Auch heute noch hat der Handel ein starkes wirtschaftliches und raumprägendes Gewicht. In Abhängigkeit von der Zielgruppe lässt er sich in den Groß- und Einzelhandel unterteilen. Letzterer zeigte sich in den vergangenen Dekaden als sehr reger Bereich, in dem sich durch verschiedene Entwicklungen tiefgreifende strukturelle und räumliche Veränderungen ereigneten.

In der folgenden Hausarbeit des Proseminars *„Geographie des Einzelhandels"* werde ich mich mit dem Thema *„Standortsysteme im Einzelhandel"* beschäftigen. Es stellt sich vor allem die Frage, welche Standortsysteme es im Einzelhandelsbereich gibt und wie sie sich in den letzten Jahrzehnten entwickelt haben. Die Arbeit ist so aufgebaut, dass zunächst die Klärung der Begriffe Einzelhandel, Standort, Standortfaktoren und Standorttheorien einen Einblick in das Thema gewähren. Danach werden die Standortsysteme von Dienstleistern und des Einzelhandels vorgestellt. Im folgenden Gliederungspunkt werden die bestimmenden Faktoren des Strukturwandels von Standortsystemen näher betrachtet. Anschließend folgt eine Darstellung vom Wandel des Standortsystems des Einzelhandels in West- und Ostdeutschland. Die Schlussbetrachtung schließt die Arbeit ab.

2. Begriffsklärung

2.1 Einzelhandel

Unter Einzelhandel versteht man den *„Verkauf von Waren an Endverbraucher"*[1]. Er ist das Verbindungsglied zwischen den Produzenten von Gütern und den Verbrauchern. Der stationäre Einzelhandel, der ambulante Handel und der Versandhandel sind die verschiedenen Formen, die man unterscheidet. In Deutschland beansprucht der stationäre Einzelhandel über 90 Prozent des Umsatzes für sich und seine La-

---

1 Vgl. Brunotte, Ernst/ Gebhardt, Hans/ Meurer, Manfred/ Meusburger, Peter/ Nipper, Josef (Hrsg.): Lexikon der Geographie in vier Bänden, Band 1, Darmstadt 2001², S. 292.

3

dengeschäfte sind unterschiedlichen Betriebsformen zuzuordnen. Ihr Sortiment wird normalerweise nach folgenden Kriterien untergliedert:

Art der Ware:	▪ Lebensmittel (Food)
	▪ Nicht-Lebensmittel (Non-Food)
Wertigkeit:	▪ Grundbedarf (z.b. Nahrungsmittel)
	▪ Ergänzungsbedarf (z.B. Bekleidung)
	▪ hochwertiger Bedarf (z.b. Elektronik)
Fristigkeit:	▪ kurzfristig (Lebensmittel)
(Erwerbshäufigkeit)	▪ mittelfristig (Bekleidung)
	▪ langfristig (Elektronik, Möbel) [2]

2.2 Standort

In der Literatur sind viele verschiedene Definitionen für den Begriff Standort zu finden. Nach einer Definition aus der Human- bzw. Anthropogeographie ist ein Standort *„der vom Menschen für bestimmte Nutzungen ausgewählte Platz bzw. die Raumstelle, an der unterschiedliche wirtschaftliche, soziale oder politische Gruppen im Raum agieren"*[3]. Dagegen wird ein Standort in der Wirtschaftsgeographie als ein *„Ort der Wertschöpfung, an dem die Produktionsfaktoren für die Leistungserstellung zusammengeführt werden"*[4] definiert. Dementsprechend kann man ihn als einen *„geographische[n] Ort, an dem ein Wirtschaftsbetrieb aktiv ist"*[5] bezeichnen.[6]

2.3 Standortfaktoren

Allgemein bezeichnet man als Standortfaktoren bestimmte Einflussgrößen, die bei der Standortwahl eines Betriebs entscheidungsrelevant sind. Sie beschreiben die *„spezifische Ausstattung von Standorten im Raum"*[7]. Außerdem sind sie für die Herausbildung von verschiedenen Standortsystemen verantwortlich. Einige Beispiele für Standortfaktoren sind: Rohstoffe, Transportkosten, Angebot an Produktionsräumen

---

[2] Vgl. ebenda.
[3] Haas, Hans-Dieter/ Neumair, Simon-Martin: Wirtschaftsgeographie, Darmstadt 2007, S. 12.
[4] Ebenda.
[5] Ebenda.
[6] Vgl. ebenda.
[7] Ebenda.

und Arbeitskräften, Absatzmarkt, Lohnniveau. Üblicherweise erfolgt eine Unterteilung in harte und weiche Standortfaktoren. Dabei gehen die harten Faktoren (Arbeitskosten, Grundstückkosten, Steuern) in die Kostenrechnung ein und die weichen Faktoren (Freizeitwert, Image, Wohnqualität, Sicherheit) sind schwer zu operationalisieren und zu erfassen.[8]

2.4 Standorttheorien

Grundsätzlich versuchen Standorttheorien die Verteilung von wirtschaftlichen Betrieben im Raum zu erklären. Also warum sie sich genau in diesem räumlichen Muster ansiedeln. Sie beschäftigen sich mit *„einzel- und gesamtwirtschaftlichen Lokalisationsproblemen"*[9]. Die einzelwirtschaftlichen Theorien stellen fest, welcher Standort für einen weiteren Einzelbetrieb optimal ist. Dagegen befassen sich die gesamtwirtschaftlichen Theorien mit der *„optimalen räumlichen Struktur aller wirtschaftlichen Aktivitäten in einem bestimmten Gebiet"*[10]. Die Modelle von Johann Heinrich von Thünen (Theorie der Landnutzung) und Alfred Weber waren fundamental für die Entwicklung von Standorttheorien.[11]

3. Standortsysteme

Im Allgemeinen versteht man unter einem Standortsystem die räumliche Anordnung von Standorten, die ein Muster ergeben. Es unterliegt gewissen Rangordnungen, wirtschaftlichen Zwängen und Gesetzmäßigkeiten. Die Standorttheorie begründet in diesem Zusammenhang die Standortsysteme.[12]

3.1 Standortsysteme von Dienstleistern

Die Unternehmen des tertiären Sektors weisen drei charakteristische Typen von Standortsystemen auf. Sie ergeben sich anhand *„der in den einzelnen Dienstleistungsbranchen unterschiedlichen Gewichtung von Standortfaktoren, von Konkurrenzmeidung und von Konkurrenzanziehung"*[13].[14]

---

[8] Vgl. Brunotte, Ernst/ Gebhardt, Hans/ Meurer, Manfred/ Meusburger, Peter/ Nipper, Josef (Hrsg.): Lexikon der Geographie in vier Bänden, Band 3, Darmstadt 2002², S. 282f und vgl. Leser, Hartmut (Hrsg.): DIERCKE-Wörterbuch Allgemeine Geographie, Braunschweig/ München 1997 Überarbeitete Neuausgabe, S. 821.
[9] Leser (Hrsg.): DIERCKE-Wörterbuch, a.a.O., S. 822f.
[10] Ebenda, S. 823.
[11] Vgl. ebenda, S. 822f.
[12] Vgl. ebenda, S. 822.
[13] Vgl. Kulke, Elmar: Wirtschaftsgeographie, Paderborn/ München/ Wien/ Zürich 2008³, S. 161.

5

3.1.1 Netzmuster

Eines der drei typischen Standortsysteme von Dienstleistern ist das Netzmuster. Hauptsächlich gleichartige, konsumentenorientierte und soziale bzw. öffentliche Dienstleistungen, welche ein Angebot haben das eher simpel und standardisiert ist, zeigen dieses Standortmuster. In diesem Zusammenhang sind Einzelhandelsunternehmen mit einem kurzfristigen Angebot, wie ein Lebensmittelladen, persönliche Dienste, wie sie ein Friseur oder ein Allgemeinmediziner leistet oder auch öffentliche Einrichtungen, wie beispielsweise die Grundschule zu nennen. Von ihnen werden eher kleinräumige Nachfragegebiete versorgt und sie haben die Aufgabe, die dort bestehende Nachfrage zu befriedigen. Deren Standorte bilden ein ziemlich gleichmäßiges Netzmuster. Diese Dienstleister verfolgen eine Konkurrenzmeidungsstrategie. Die Bevölkerungsdichte, das Einkommen der Konsumenten und die Art der Dienste sind maßgeblich entscheidend für die Flächengröße der Marktgebiete und die Maschendichte des Versorgungsnetzes. Deshalb sind die Abstände zwischen den Einzelstandorten von Anbietern in dicht besiedelten Gebieten, wie Städte, weitaus kleiner als in ländlichen Regionen. Aber auch die Nutzungshäufigkeit der Dienste beeinflusst die Maschendichte. So besitzen die Netze von häufiger genutzten Dienstleistungen, wie beispielsweise Allgemeinärzte gegenüber Augenärzten, eine größere Dichte.[15]

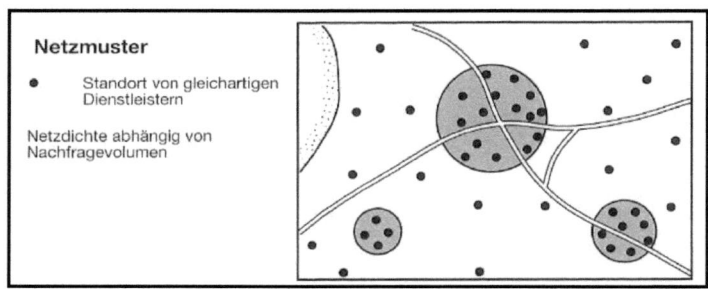

Netzmuster [16]

---

[14] Vgl. ebenda und vgl. Brunotte/ Gebhardt/ Meurer/ Meusburger/ Nipper (Hrsg.): Lexikon der Geographie, Band 3, a.a.O., S. 284.
[15] Vgl. Kulke: Wirtschaftsgeographie, a.a.O., S. 161f und vgl. Brunotte/ Gebhardt/ Meurer/ Meusburger/ Nipper (Hrsg.): Lexikon der Geographie, Band 3, a.a.O., S. 284 und vgl. Schenk, Winfried/ Schliephake, Konrad (Hrsg.): Allgemeine Anthropogeographie, Gotha/Stuttgart 2005, S. 512.
[16] Kulke: Wirtschaftsgeographie, a.a.O., S. 162.

3.1.2 Hierarchiemuster

Das Hierarchiemuster ist ein weiteres typisches Muster von Standorten. Ein solches Muster zeigen vor allem Anbieter, die über ein gleichartiges Dienstleistungsangebot, jedoch auf verschiedenen Qualitätsstufen verfügen. Genauer betrachtet liegen in Marktgebieten einer höheren Qualitätsstufe auch immer mehrere Standorte von Betrieben, die Dienste von niedrigeren Stufen anbieten. Als Beispiel hierfür sind die Grundschule, das Gymnasium und die Universität zu nennen.[17] Das Hierarchiemuster entspricht weitgehend dem Hierarchiesystem (Zentrale-Orte-Konzept) das von Walter Christaller entwickelt wurde. Jedoch geht das Hierarchiemuster zusätzlich davon aus, dass sich in unmittelbarer räumlicher Nähe der Dienstleister so genannte Standortgemeinschaften bilden. Hierbei konzentrierten sich Anbieter von artverschiedenen oder artähnlichen Dienstleitungen, um ihre Attraktivität für Nachfrager zu vergrößern. Im Fachjargon spricht man hierbei auch von der Konkurrenzanziehung. Der Vorteil für die Verbraucher liegt darin, dass sie all ihre benötigten Konsumgüter gleichzeitig an einem Standort nachfragen können und sich somit Fahrt- und Zeitkosten sparen.[18] Der Rang eines Zentrums ist entscheidend für die Größe des Einzugsbereiches, die Qualität des Dienstleistungsangebots und für die Frequenz der Besucher. Wenn das Einzugsgebiet klein, das Angebot der Dienstleitungen sehr einfach und die Frequenz der Besucher hoch ist, dann spricht man von Zentren mit einem niedrigeren Rang. Wenn das Einzugsgebiet groß, das Angebot der Dienstleistungen hochwertiger ist und die Frequenz der Besucher abnimmt, dann spricht man von Zentren höheren Ranges.[19]

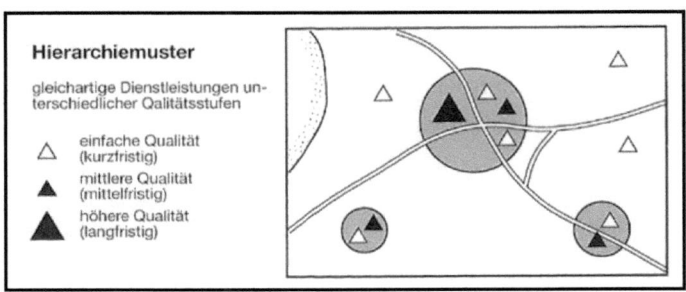

[17] Vgl. ebenda, S. 163.
[18] Vgl. ebenda und vgl. Brunotte/ Gebhardt/ Meurer/ Meusburger/ Nipper (Hrsg.): Lexikon der Geographie, Band 3, a.a.O., S. 284 und vgl. Schenk/ Schliephake (Hrsg.): Allgemeine Anthropogeographie, a.a.O., S. 512.
[19] Vgl. Kulke: Wirtschaftsgeographie, a.a.O., S. 163 und vgl. Schenk/ Schliephake (Hrsg.): Allgemeine Anthropogeographie, a.a.O., S. 512.
[20] Vgl. Kulke: Wirtschaftsgeographie, a.a.O., S. 162.

3.1.3 Clustermuster

Als drittes charakteristisches Standortsystem von Dienstleistern ist das Clustermuster zu nennen. Das Wort Cluster kommt aus dem Englischen und bedeutet Anhäufung, Ansammlung oder Gruppe.[21]

Solche Clusterungen werden durch die räumliche Konzentration von Dienstleistern aus der gleichen Branche gebildet. Vor allem tritt dieses Muster bei höherwertigen, spezialisierten Dienstleistungsunternehmen auf, deren Angebot eine längere Fristigkeit besitzt. In der Regel haben solche Betriebe ein verhältnismäßig großes Marktgebiet. In diesem erfolgt eine Konzentration der Unternehmen an Standorten die besondere Vorteile, wie zum Beispiel Magnetbetriebe oder fremde Anziehungskräfte bieten oder an denen sie von Kumulationsvorteilen, wie beispielsweise Wahl- bzw. Vergleichsmöglichkeiten zwischen mehreren Anbietern, profitieren können. Es gibt mehrere Beispiele für Betriebe, die sich an besonders vorteilhaften Standorten konzentrieren und dort Cluster bilden. So bilden sich in naturräumlichen Anziehungspunkten, wie Berg- oder Küstenregionen, Cluster von Fremdenverkehrsbetrieben. Dagegen kommt es in der Nähe von Verkehrsknoten zu einer verstärkten Ansiedlung von Verkehrs- und Logistikbetrieben. Solche Verkehrsknoten sind Häfen, Flughäfen oder auch Autobahnen. Aber auch in der Nähe von Börsen oder Zentralbanken sind solche Clustermuster zu finden, denn hier konzentrieren sich gerne Finanzdienstleister. So kommt es dort jeweils zur Bildung von funktionalen Clustern, die aus artgleichen Dienstleistern und miteinander vernetzten Nachfragern bestehen und eine Konkurrenzanziehung mit sich bringen.

Die Standorte von Spezialanbietern (Galerien, Modedesigner, Medienunternehmen, Consultingunternehmen), welche großflächige Marktgebiete besitzen, sind größtenteils so gewählt, dass sie sich in hochrangigen Zentren befinden, wo sie in attraktiven Lagen lokale Clusterungen hervorrufen.[22]

---

[21] Vgl. Langenscheidt-Redaktion (Hrsg.): Langenscheidt Business-Wörterbuch Englisch, Berlin/ München 2003, S. 144.
[22] Vgl. Kulke: Wirtschaftsgeographie, a.a.O., S. 163 und vgl. Schenk/ Schliephake (Hrsg.): Allgemeine Anthropogeographie, a.a.O., S. 512 und vgl. Brunotte/ Gebhardt/ Meurer/ Meusburger/ Nipper (Hrsg.): Lexikon der Geographie, Band 3, a.a.O., S. 284.

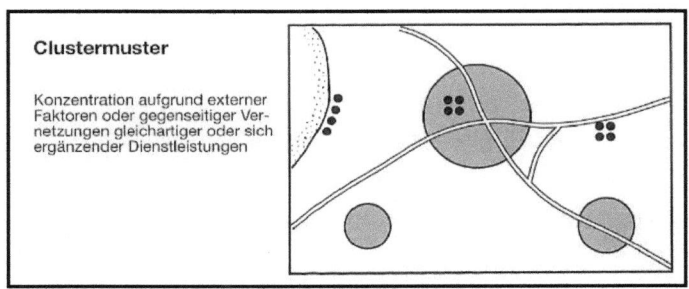

Clustermuster

Konzentration aufgrund externer
Faktoren oder gegenseitiger Ver-
netzungen gleichartiger oder sich
ergänzender Dienstleistungen

Clustermuster [23]

3.2 Standortsysteme des Einzelhandels

Im Bereich des Einzelhandels werden in hochentwickelten Ländern mit einem hohen Einkommensniveau zwei Arten von Standortsystemen, ein primäres und ein sekundäres, unterschieden.[24]

3.2.1 primäres Standortsystem

Das wohnstandortnahe Netz von Ladengeschäften und das hierarchische System von innerstädtischen Zentren ergeben das primäre Standortsystem des Einzelhandels. Hierbei handelt es sich um das klassische Einzelhandelsstandortsystem, welches immer mehr an Bedeutung verliert.[25]

3.2.2 sekundäres Standortsystem

Ein sekundäres Standortsystem ist vorhanden, wenn sich kein Standort innerhalb der geschlossenen Bebauung befindet. Insbesondere gibt es dort großflächige Betriebsformen wie zum Beispiel Fach- und Verbrauchermärkte oder Shopping-Center. Dieses gewinnt zunehmend an Bedeutung. In Westdeutschland beansprucht es ungefähr 30% des Umsatzanteils und in Ostdeutschland sogar mehr als 40%.[26]

---

[23] Vgl. Kulke: Wirtschaftsgeographie, a.a.O., S. 162.
[24] Vgl. Schenk/ Schliephake (Hrsg.): Allgemeine Anthropogeographie, a.a.O., S. 519 und vgl. Brunotte/ Gebhardt/ Meurer/ Meusburger/ Nipper (Hrsg.): Lexikon der Geographie, Band 1, a.a.O., S. 292- 293.
[25] Vgl. ebenda.
[26] Vgl. ebenda.

4. Bestimmende Faktoren des Strukturwandels von Standortsystemen

Die Standortsysteme von konsumentenorientierten Dienstleistungen, wozu auch der Einzelhandel zu zählen ist, unterliegen einer fortwährenden Veränderung. Diese wird durch die Einflüsse der Angebotsseite, der Nachfrageseite sowie der Gestaltungsseite vorangetrieben. Die drei stellen in dem von Elmar Kulke erfundenen Akteursgruppenansatz, welcher eine Systematisierung *„der auf Standorte einwirkenden Einflussgrößen"*[27] ermöglicht, die wichtigsten Akteursgruppen dar. Diesem Ansatz zufolge nehmen sie Einfluss auf die „Struktur und Dynamik von Standorten/Standortsystemen"[28].[29]

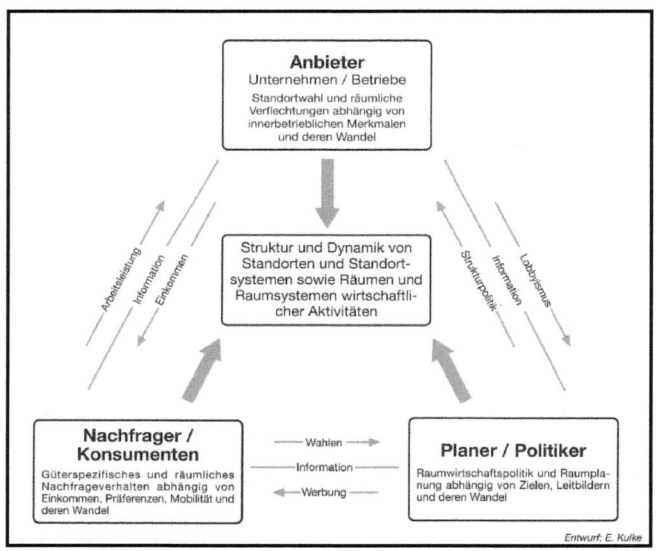

Akteursgruppenansatz in der Wirtschaftsgraphie [30]

4.1 Einflüsse der Angebotsseite

Auf der Angebotsseite nehmen Anbieter (Unternehmen/Betriebe) durch ihre Standortwahl Einfluss. Ein Unternehmen sucht den Standort und die räumliche Verflechtung seines Geschäftes in Abhängigkeit von Anforderungen, die sich durch interne Merkmale (Flächenbedarf, Anforderungen an Infrastruktur) ergeben und durch die

---

[27] Kulke: Wirtschaftsgeographie, a.a.O., S. 18.
[28] Ebenda.
[29] Vgl. ebenda, S. 18/ 33 und vgl. Schenk/ Schliephake (Hrsg.): Allgemeine Anthropogeographie, a.a.O., S. 519.
[30] Kulke: Wirtschaftsgeographie, a.a.O., S. 18.

von den anderen beiden Akteuren bewirkten externen Einflüsse (Nähe zu anderen Unternehmen, lokales Nachfragepotential, raumwirtschaftspolitische Einflussnahme) aus. Kommt es bei Anbietern zu innerbetrieblichen Veränderungen oder zu geänderten externen Einflüssen, ergeben sich andere Ansprüche an dessen Standorte.[31] Die räumlichen Veränderungen der Einzelhandelsstandorte wurden in den vergangen Jahrzehnten durch den Wandel der Betriebs- und Unternehmensformen geprägt. Durch den Betriebsformenwandel hat sich das Standortsystem deshalb verändert, da neue Betriebsformen andere Präferenzen an Standorte haben. Sie ergeben sich anhand ihrer spezifischen Eigenschaften wie beispielsweise Flächengröße und Kostenstrukturen. Dies lässt sich am Beispiel des Baus eines neuen großflächigen Supermarktes schön erläutern. Dessen Eröffnung hat die Schließung von mehreren kleinen, bedienungsintensiven Läden zur Folge, was wiederum zu einer Ausdünnung des Versorgungsnetzes führt. Wegen seiner Größe eignen sich dicht bebaute innerstädtische Gebiete nicht für die Errichtung. Deswegen erfolgt die Ansiedlung bevorzugt auf nichtintegrierten Standorten im Umland mit Anbindung an Hauptverkehrsstraßen und gegenüber von dicht bebauten innerstädtischen Lagen, wodurch eine Stärkung des sekundären Standortsystems bewirkt wird. In diesem Zusammenhang sank in Westdeutschland die Anzahl der Lebensmittelgeschäfte von 153.999 (1970) auf 60.361 (1990), wobei jedoch ein Anstieg der durchschnittlichen Verkaufsfläche von 53m² auf 283m² zu verzeichnen war.[32]

Gemeinsam mit dem gerade beschriebenen Betriebsformenwandel findet ein Unternehmensformenwandel statt. Darunter versteht man beispielsweise, dass ein Geschäft nicht mehr als selbstständiges Einbetriebunternehmen geführt wird, sondern durch Filialen von Mehrbetriebsunternehmen, den sogenannten Filialisten, ersetzt wird. Sie verfügen über eine zentrale Verwaltung und ein einheitliches Warenangebot. Speziell durch sie wird der *„betriebsformenbedingte Standortwandel"[33]* vorangetrieben, da sie auf moderne und kostengünstigere Betriebsformen setzen. Wegen ihrer Kosten-Erlös-Vorteile siedeln sie sich vor allem in attraktiven Standorten an. Solche sind beispielsweise innerstädtische Zentren hohen Ranges, nicht integrierte Gebiete und Shopping Centern.[34]

[31] Vgl. ebenda und vgl. Kulke, Elmar (Hrsg.): Wirtschaftsgeographie Deutschlands, Gotha/ Stuttgart 1998, S. 165 und vgl. Schenk/ Schliephake (Hrsg.): Allgemeine Anthropogeographie, a.a.O., S. 519.
[32] Vgl. Kulke (Hrsg.): Wirtschaftsgeographie Deutschlands, a.a.O., S. 166 und vgl. Schenk/ Schliephake (Hrsg.): Allgemeine Anthropogeographie, a.a.O., S. 519/ 521/ 522.
[33] Vgl. Schenk/ Schliephake (Hrsg.): Allgemeine Anthropogeographie, a.a.O., S. 522.
[34] Vgl. ebenda.

4.2 Einflüsse der Nachfrageseite

Aber auch die Nachfrager/Konsumenten wirken durch ihre räumliche und güterspezifische Nachfrageweise standortprägend. Sie ist abhängig von internen Merkmalen, wie unter anderem dem Einkommen, der Individualmobilität und persönlichen Präferenzen.[35]

Die vergangenen Entwicklungen auf Seiten der Nachfrager lassen sich durch den Anstieg der Einkommenshöhe und die dadurch für einen Großteil der Bevölkerung möglich gewordene Anschaffung eines Verkehrsmittels, sowie das veränderte Nachfrageverhalten erklären. Grundsätzlich nimmt die Zahl der nachgefragten Artikel mit höherem Einkommen zu, wobei sich auch der Anteil an höherrangigen Gütern des mittel- und langfristigen Bedarfs vermehrt. Da sich die zur Verfügung stehende Zeit nicht erhöht, ist es erforderlich den Einkauf mehrerer Waren zu verbinden, was in der Fachliteratur als Kopplungsbedarf bezeichnet wird. Dadurch werden Versorgungsstandorte, die ein vielfältiges Warenangebot bieten, gefördert. Da sie sich fast ausschließlich auf der „Grünen Wiese" befinden, reduzieren sie die Nachfrage im Nahbereich und in den innerstädtischen Zentren. Die durch die Individualverkehrsmittel erlangte Mobilität führte dazu, dass die Konsumenten nicht mehr an die Läden im Nahbereich und auf innerstädtische Zentren, die sie mit öffentlichen Verkehrsmitteln erreichen konnten, angewiesen waren.

Zum veränderten Nachfrageverhalten ist zu sagen, dass der traditionelle Versorgungseinkauf gegenüber zwei neuen Einkaufsverhaltensweisen an Wert verlor. Zunächst einmal gewann der Erlebniseinkauf an Gefallen, denn es sagte den Verbrauchern zu das Einkaufen mit der Freizeitgestaltung zu verknüpfen. Außerdem war eine Bedeutungszunahme der Preiseinkäufe, bei dem in Fach- und Verbrauchermärkten eingekauft wird, zu verzeichnen.

Insgesamt betrachtet, verlieren die traditionellen Betriebsformen und die Versorgungsstandorte in wenig attraktiven Lagen an Nachfrage.[36]

4.3 Einflüsse der Gestaltungsseite

Die von den Planern/Politikern durchgeführte Gestaltung der Standorte wird einerseits durch ihre raumwirtschaftspolitischen Zielvorstellungen beeinflusst und ande-

---

[35] Vgl. Kulke: Wirtschaftsgeographie, a.a.O., S. 19.
[36] Vgl. Kulke (Hrsg.): Wirtschaftsgeographie Deutschlands, a.a.O., S. 168f und vgl. Schenk/ Schliephake (Hrsg.): Allgemeine Anthropogeographie, a.a.O., S. 523.

rerseits durch das planerische Instrumentarium, das sie zur Verfügung haben. Der Instrumenteneinsatz wird durch die Ziele bestimmt, wobei gleichzeitig die verfügbaren Instrumente die Zielrealisierungsmöglichkeiten begrenzen.[37]

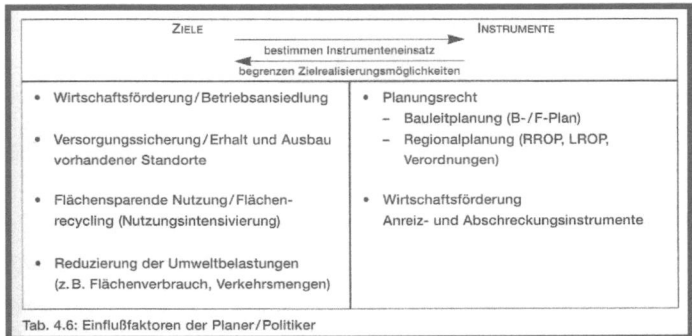

Tab. 4.6: Einflußfaktoren der Planer/Politiker

Einflussfaktoren der Planer/Politiker [38]

„Der Erhalt einer kompakten Stadt mit Nutzungsdurchmischung, die Sicherung der Nahversorgung sowie die Begrenzung von Verkehrsmengen und Flächenverbrauch" sind Beispiele für die Ziele der Gestaltungsseite. Um ein Beispiel der zur Verfügung stehenden Instrumentarien näher zu erläutern ist die Bauneuverordnung (BauNVO) nach § 11.2 zu nennen. Sie entstand, um damit die Standortwahl von Einzelhandelsbetrieben lenken zu können. Des Weiteren hat sich die Eingriffsbereitschaft der Planer/Politiker in den vergangenen Jahren erhöht. Aus Gründen der wirtschaftlichen Einträglichkeit, wie Gewerbesteuer oder Arbeitsplätze, erlaubte man es früher, dass sich große Geschäfte in nichtintegrierten Lagen ansiedelten. Jedoch wird den negativen Entwicklungen, die daraus resultieren, heute eine immer stärkere Bedeutung zugemessen. Dies wäre zum Beispiel der zusätzliche Bodenverbrauch, die zunehmenden Verkehrsmengen und Versorgungslücken, die Ziele zur Reduzierung von Umweltbelastungen und zum Erhalt von innerstädtischen Zentren als auch die sparsame Nutzung von Flächen.[39]

---

[37] Vgl. Kulke (Hrsg.): Wirtschaftsgeographie Deutschlands, a.a.O., S. 171.
[38] Ebenda.
[39] Vgl. ebenda und vgl. Schenk/ Schliephake (Hrsg.): Allgemeine Anthropogeographie, a.a.O., S. 523.

5. Wandel des Standortsystems des Einzelhandels

Wie bereits erwähnt lassen sich räumliche Standortstrukturen durch das Kooperieren der drei Akteursgruppen erläutern. Speziell im Einzelhandel sind dies die Einzelhandelsunternehmen, die Konsumenten und die Raumplaner. Sie haben durch die Veränderungen von Angebotsformen, Nachfragefaktoren und planerischen Einflüssen das Standortsystem des Einzelhandels über die letzten Jahrzehnte hinweg gravierend verändert.[40]

5.1 Veränderungen im Standortsystem Westdeutschlands

In Westdeutschland gab es bis Beginn der 60er Jahre ein engmaschiges Netz von kleinen Lebensmittelläden, welche in den städtischen Wohngebieten und kleineren Siedlungen angesiedelt waren. Das hatte zwei einfache Gründe. Zum einen die geringe Verfügbarkeit von Individualverkehrsmitteln, wodurch die räumliche Flexibilität der Bürger eingeschränkt war. Zum anderen die kurze Lagerungsfähigkeit von Lebensmitteln, da zur damaligen Zeit Kühlschränke in den meisten Haushalten fehlten. Deshalb waren die Konsumenten darauf angewiesen Versorgungsstandorte für Waren des kurzfristigen Bedarfs im Nahbereich zu haben, die zu Fuß erreichbar waren. Außerdem waren die Menschen an die innerstädtischen Zentren gebunden, die sie mit öffentlichen Verkehrsmitteln erreichen konnten. Hier boten die Geschäfte meist Güter des mittel- und langfristigen Bedarfs an. Zur Sicherung ihrer Existenz benötigten sie nämlich ein größeres Marktgebiet als Läden des kurzfristigen Bedarfs und waren deshalb nur an solchen Standorten angesiedelt, die für eine genügend große Anzahl von Kunden erreichbar waren. Vorherrschend war ein hierarchisches System von Versorgungszentren, wie es von Walter Christaller beschrieben wird.[41]

---

[40] Vgl. Kulke, Elmar: Entwicklungstendenzen suburbaner Einzelhandelslandschaften, In: Brake, Klaus/ Dangschat, Jens S./ Herfert, Günter (Hrsg.): Suburbanisierung in Deutschland, Aktuelle Tendenzen, a.a.O., S. 57.
[41] Vgl. ebenda und vgl. Kulke (Hrsg.): Wirtschaftsgeographie Deutschlands, a.a.O., S. 172.

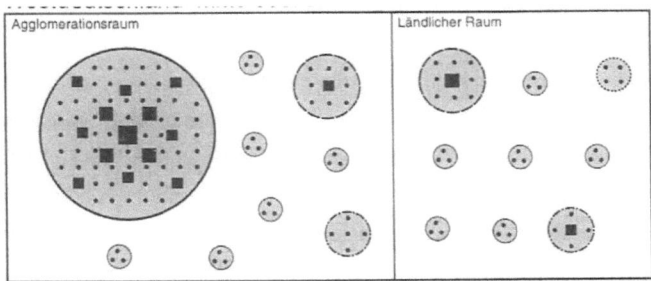

Standortstruktur des Einzelhandels in Westdeutschland Mitte der 60er Jahre [42]

Das gerade beschriebene und bis dahin bestehende Versorgungssystem veränderte sich nun.

Wie bereits genannt, erlebten die westdeutschen Konsumenten in den letzten Jahrzehnten einen merklichen Anstieg des Einkommens. Dieser bewirkte zum einen, eine Zunahme der nachgefragten Gütermenge und zum anderen konnten sich nun nahezu alle Haushalte einen eigenen Pkw leisten, was zu einer größeren Flexibilität der räumlichen Nachfrage führte. Nun waren die Konsumenten nicht mehr an die Versorgungsstandorte des Nahbereichs und auf innerstädtische Zentren angewiesen. Weiter entfernte, suburbane Standorte (Grüne Wiese) von Einzelhandelsgeschäften waren nun problemlos erreichbar, auch wenn sie keine Anschlussstellen des öffentlichen Verkehrsnetzes besaßen.

Die Anbieter erlangten durch die gestiegene räumliche Einkaufsflexibilität der Nachfrager eine größere Unabhängigkeit bei der Wahl eines geeigneten Standorts für ihren Laden. Diese konnten jetzt so gewählt werden, dass sie mit ihren veränderten internen Merkmalen übereinstimmten. *„Die Angebotsentwicklungen, insbesondere der Betriebsformenwandel, wurden ab den 60er Jahren zum wichtigsten Faktor der Standortentwicklungen"*[43]. Durch Veränderungen in der Nachfrage und in den inneren Kostenstrukturen der Unternehmen, entstanden neue Betriebsformen, welche wiederum Auswirkungen auf die räumlichen Entwicklungen der Einzelhandelsstandorte hatten. Wichtige neue Einflussfaktoren wie die Vergrößerung der Zahl der angebotenen Artikel, die Kopplungsansprüche der Kunden und die steigenden Personalkosten führten dazu, dass seit den 60er Jahren insbesondere neue großflächigere Betriebsformen entstanden.

---

[42] Kulke (Hrsg.): Wirtschaftsgeographie Deutschlands, a.a.O., S. 173.
[43] Ebenda, S. 172.

Im Lebensmittelbereich sah deshalb die Entwicklung wie folgt aus. Die kleinflächigen Bedienungsläden (Tante-Emma-Läden) verschwanden aus dem Nahbereich, da sie durch Super- und Verbrauchermärkte, die man außerhalb der geschlossenen Bebauung oder in höherrangigen Versorgungszentren errichtete, ersetzt wurden. Im Bereich Non-Food sahen die Unternehmen in den innerstädtischen Versorgungszentren aufgrund der ansteigenden Einkommen der Bürger Expansionsmöglichkeiten. Ab Mitte der 70er Jahre war jedoch zu beobachten, dass sie zunehmend der Konkurrenz durch die an den Stadtrandgebieten gelegenen selbstbedienungsorientierten Fachmärkten ausgesetzt waren. So hat die Entstehung der neuen großflächigen Betriebsformen (Supermarkt, Verbrauchermarkt, Fachmarkt) tiefgreifende Auswirkungen auf das Standortsystem gehabt.[44]

Aufgrund der bereits unter Punkt 4.3 genannten negativen Auswirkungen durch die Entstehung von Zentren in nichtintegrierten Lagen nahm die Raumplanung im Westen Deutschlands seit Mitte der 80er Jahre intensiviert Einfluss auf die Entwicklung von Standorten. Dadurch gab es eine deutlich begrenzte Anzahl von Ansiedlungen in suburbanen Lagen und eine Stärkung bestehender Zentren. Jedoch kann selbst durch den Einsatz der planerischen Instrumente die Ausdünnung der Streulagen nicht völlig verhindert werden. Experten gehen in Prognosen davon aus, dass sich auch zukünftig die vergangenen Entwicklungen fortsetzen werden, jedoch in einem geringeren Ausmaß. Kleine Nebenzentren und Streulagen werden auch weiterhin an Bedeutung verlieren, nichtintegrierte Lagen werden eine Zunahme am Marktanteil verzeichnen und Citybereiche ihre Spezialisierungstendenzen festigen.[45]

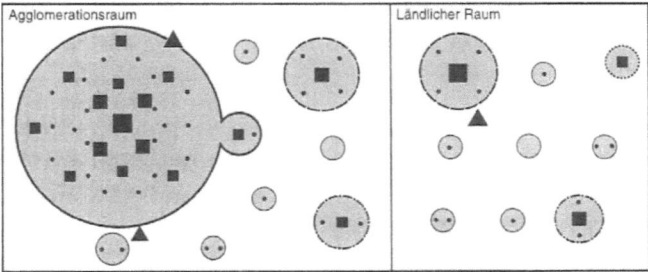

Standortstruktur des Einzelhandels in Westdeutschland Mitte der 90er Jahre [46]

---

[44] Kulke: Entwicklungstendenzen suburbaner Einzelhandelslandschaften, In: Brake/ Dangschat/ Herfert (Hrsg.): Suburbanisierung in Deutschland, a.a.O., S. 57f und vgl. Kulke (Hrsg.): Wirtschaftsgeographie Deutschlands, a.a.O., S. 172.
[45] Vgl. Kulke (Hrsg.): Wirtschaftsgeographie Deutschlands, a.a.O., S. 174f.
[46] Ebenda, S. 173.

5.2 Veränderungen im Standortsystem Ostdeutschlands

Vor der Wiedervereinigung hatte die Deutsche Demokratische Republik ein klassisches Standortsystem des Einzelhandels. Alle Geschäfte befanden sich ausnahmslos in der geschlossenen Bebauung, das einem primären Standortsystem entsprach. In den Wohngebieten gab es ein enges Netz an sehr kleinflächigen Lebensmittelgeschäften, die einen hohen Bedienungsanteil bzw. eine hohe Personalintensität aufwiesen. In den Innenstädten gab es ein hierarchisch gegliedertes Zentrensystem, mit Waren-/Kaufhäusern und Fachgeschäften, die jedoch ein sehr geringes Warenangebot (Non-Food-Artikel) offerierten. Neue Betriebsformen, wie die großflächigen Verbraucher-/Fachmärkte auf der Grünen Wiese, fehlten vollständig. Da Haushalte in der DDR nur sehr vereinzelt über Verkehrsmittel verfügten, war deren räumliche Nachfrageflexibilität selbst Ende der 80er Jahre sehr gering und so waren sie auf Versorgungsstandorte in ihrer Wohnumgebung und auf innerstädtische Zentren angewiesen. Großen Einfluss bei der Gestaltung des in der DDR vorhandenen Standortsystems nahm die zentrale Planung ein. Dies hing damit zusammen, dass die Unternehmen fast ausschließlich in staatlichem Besitz waren.[47]

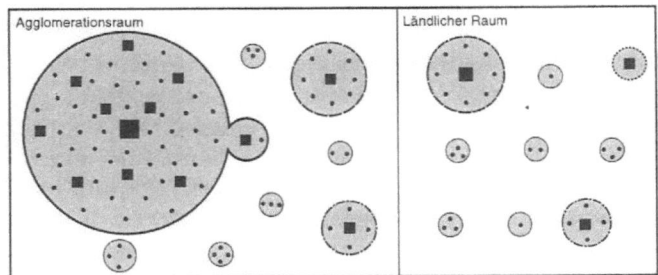

Standortstruktur des Einzelhandels in der DDR Mitte der 80er Jahre [48]

Nach der Wiedervereinigung führten Veränderungen im Verhalten der Nachfrager und in den Angebotsstrukturen zu einer tiefgreifenden Wandlung des Einzelhandelsstandortsystems des Ostens. Durch den Anstieg der Einkommen als auch der Individualmotorisierung, kam es zu einer deutlichen Zunahme der räumlichen Nachfrageflexibilität von ostdeutschen Verbrauchern, wodurch ihre Gebundenheit an den Nahbereich und zentrale Standorte reduziert wurde. Durch die Nachfrageentwicklungen

[47] Vgl. ebenda, S. 175f und vgl. Kulke: Entwicklungstendenzen suburbaner Einzelhandelslandschaften, In: Brake/ Dangschat/ Herfert (Hrsg.): Suburbanisierung in Deutschland, a.a.O., S. 60/ 62.
[48] Kulke (Hrsg.): Wirtschaftsgeographie Deutschlands, a.a.O., S. 173.

bekam die Angebotsseite, die das ostdeutsche Standortsystem in starkem Maße beeinflusst hat, eine größere Freiheit in der Wahl ihrer Standorte. Beispiele für Veränderungen auf der Angebotsseite sind die Privatisierungen der sozialistischen Großbetriebe, die Errichtung von Filialen westdeutscher Mehrbetriebsunternehmen und die Gründungen von kleinen lokalen Betrieben. Durch die Privatisierung mussten bald viele kleine Geschäfte wegen mangelnder Rentabilität geschlossen werden, das im Nahbereich zur Ausdünnung des Versorgungsnetzes führte. Die westlichen Filialisten hatten bereits nach sehr kurzer Zeit eine dominierende Marktbedeutung erreicht. Sie siedelten sich mit ihren großflächigen, modernen Unternehmensformen bevorzugt auf preiswerten, am Stadtrand gelegenen, verkehrsgünstigen Flächen an. Hier gab es keine regulierenden Flächennutzungspläne und regionale Raumordnungsprogramme fehlten ebenfalls noch. Daher war es den Betrieben möglich ihre Standortpräferenzen für Shopping-Center oder Fach- und Verbrauchermärkte außerhalb des Stadtgebiets zu verwirklichen. Als Beispiel ist die Entwicklung des Berliner Umlandes zwischen den Jahren 1989 und 1997 zu nennen. Hier entstanden zusätzlich mehr als 900.000 m² Verkaufsfläche. Ost-Berlin hatte 1989 nicht einmal die Hälfte davon. Wegen baulicher Mängel, zu hoher Preise, nicht ausreichend vorhandenen großen Flächen und Eigentumsunklarheiten, kamen innerstädtische Zentren nach der Wende bei der Wahl von Standorten nicht in Frage. Erst ab Mitte der 90er kam es durch die Klärung der Eigentumsverhältnisse und durch Angebotsverbesserungen zu einer Wiederbelebung der Attraktivität von Stadtgebieten. Trotzdem sind die meisten vollzogenen Entwicklungen irreversibel. Auch in Streulagen und kleineren Ortschaften des ländlichen Raumes kam es zu einer heftigen Ausdünnung des Einzelhandelsnetzes, da sehr viele kleine Betriebe ersatzlos aufgegeben wurden.[49]

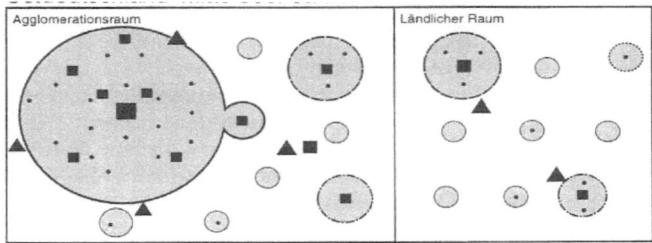

Standortstruktur des Einzelhandels in Ostdeutschland Mitte der 90er Jahre [50]

[49] Vgl. ebenda, S. 177f und vgl. Kulke: Entwicklungstendenzen suburbaner Einzelhandelslandschaften, In: Brake/ Dangschat/ Herfert (Hrsg.): Suburbanisierung in Deutschland, a.a.O., S. 62f.
[50] Kulke (Hrsg.): Wirtschaftsgeographie Deutschlands, a.a.O., S. 173.

6. Schlussbetrachtung

Abschließend möchte ich noch ein kurzes Resümee anstellen: Das Standortsystem des Einzelhandels ist einem laufenden Wandel unterworfen. Ausgelöst wird er durch das Zusammenwirken von Angebots-, Nachfrage- und Gestaltungsfaktoren, wobei deren Einfluss aber in zeitlicher und räumlicher Beziehung variiert. So waren in Westdeutschland beispielsweise Angebotsveränderungen in den Jahren 1970 bis Ende 1980 vorrangig und in jüngster Geschichte die räumliche Planung. In Deutschland bestehen gegenwärtig zwischen Ost und West noch deutliche Unterschiede in den Standortstrukturen des Einzelhandels. So ist die Ausdünnung des Einzelhandelsnetzes im Osten erheblich stärker ausgeprägt als im Westen.

Speziell im Einzelhandelsbereich gibt es ein primäres sowie ein sekundäres Standortsystem. Während das traditionelle, primäre Standortsystem nur noch sehr selten vorkommt, entwickelt sich der Trend hin zum sekundären Standortsystem. Das gegenwärtig vorherrschende Standortsystem in diesem Bereich ist eine „Mischform" zwischen den beiden Arten. Ein rein sekundäres Standortsystem ist noch nicht vorhanden.

Abschließend möchte ich noch hinzufügen, dass dieses Thema sehr komplex und theoretisch ist. Trotzdem hat es mir nach anfänglichen Schwierigkeiten bei der Erstellung einer geeigneten Gliederung Spaß gemacht, mich in die Materie einzuarbeiten und mehr darüber zu erfahren. Ich hoffe, dass es mir mit dieser Arbeit gelungen ist, einen aufschlussreichen Einblick geben zu können.

7. Literaturverzeichnis

Brunotte, Ernst/ Gebhardt, Hans/ Meurer, Manfred/ Meusburger, Peter/ Nipper, Josef (Hrsg.): Lexikon der Geographie in vier Bänden, Band 1, Darmstadt 2001[2].

Brunotte, Ernst/ Gebhardt, Hans/ Meurer, Manfred/ Meusburger, Peter/ Nipper, Josef (Hrsg.): Lexikon der Geographie in vier Bänden, Band 3, Darmstadt 2002[2].

Haas, Hans-Dieter/ Neumair, Simon-Martin: Wirtschaftsgeographie, Darmstadt 2007.

Kulke, Elmar (Hrsg.): Wirtschaftsgeographie Deutschlands, Gotha/ Stuttgart 1998.

Kulke, Elmar: Entwicklungstendenzen suburbaner Einzelhandelslandschaften, In: Brake, Klaus/ Dangschat, Jens S./ Herfert, Günter (Hrsg.): Suburbanisierung in Deutschland, Aktuelle Tendenzen, Opladen 2001.

Kulke, Elmar: Wirtschaftsgeographie, Paderborn/ München/ Wien/ Zürich 2008[3].

Langenscheidt-Redaktion (Hrsg.): Langenscheidt Business-Wörterbuch Englisch, Berlin/ München 2003.

Leser, Hartmut (Hrsg.): DIERCKE-Wörterbuch Allgemeine Geographie, Braunschweig/ München 1997 Überarbeitete Neuausgabe.

Schenk, Winfried/ Schliephake, Konrad (Hrsg.): Allgemeine Anthropogeographie, Gotha/ Stuttgart 2005.